HI! DOGS!

狗

[英]汤姆·杰克逊 —— 著

历史独角兽　王唯欣 —— 译

Dogs

中国友谊出版公司

目录

前言 *008*

野生犬科动物 *010*

非洲野犬	/ 010	达尔文狐	/ 028	岛屿灰狐	/ 037
金狼	/ 015	山狐	/ 028	河狐	/ 038
北极狐	/ 017	耳廓狐	/ 030	吕佩尔狐	/ 039
孟加拉狐	/ 019	豺	/ 031	秘鲁狐	/ 039
大耳狐	/ 019	埃塞俄比亚狼	/ 031	赤狐	/ 040
薮犬	/ 021	亚洲胡狼	/ 032	貉	/ 043
黑背胡狼	/ 021	灰狼	/ 032	侧纹胡狼	/ 043
南非狐	/ 022	灰狐	/ 032	草原狐	/ 044
沙狐	/ 024	鬃狼	/ 035	藏狐	/ 044
郊狼	/ 027	阿富汗狐	/ 037	南美灰狐	/ 045
食蟹狐	/ 028	敏狐	/ 037		

猎犬 *046*

寻血猎犬	/ 046	德国短毛指示犬	/ 055	爱尔兰猎狼犬	/ 062
巴仙吉犬	/ 048	意大利灵猩	/ 056	拉布拉多寻回犬	/ 062
依比沙猎犬	/ 051	挪威猎鹿犬	/ 056	奥达猎犬	/ 062
万能㹴	/ 051	意大利斯皮奥尼犬	/ 056		
巴吉度猎犬	/ 051	日本秋田犬	/ 058		
史宾格犬	/ 052	法老王猎犬	/ 061		
英国猎狐犬	/ 054	大麦町犬	/ 061		

工作犬 *064*

边境牧羊犬	/ 064	冰岛牧羊犬	/ 078	雪橇犬	/ 093
伯尔尼兹山地犬	/ 068	新西兰牧羊犬	/ 081	西伯利亚哈士奇	/ 096
澳大利亚卡尔比犬	/ 071	喜乐蒂牧羊犬	/ 082	拉布拉多寻回犬	/ 098
短毛牧羊犬	/ 073	Tornjak	/ 082	导盲犬	/ 098
埃什特雷拉山犬	/ 073	西班牙水犬	/ 084	那不勒斯獒犬	/ 108
马雷马牧羊犬	/ 073	可蒙犬	/ 084	杜宾犬	/ 108
比利牛斯牧羊犬	/ 074	澳大利亚牧牛犬	/ 084	拳师犬	/ 109
比利时特伏丹犬	/ 074	伯瑞犬	/ 086	警犬	/ 115
中亚牧羊犬	/ 076	英国古代牧羊犬	/ 086	德国牧羊犬	/ 115
坎高犬	/ 078	拉戈托罗马阁挪露犬	/ 088	比格犬	/ 126
匈牙利库瓦兹犬	/ 078	阿拉斯加雪橇犬	/ 091		

陪伴犬　*134*

诺福克㹴	134	斯塔福郡斗牛㹴	144	北京犬	156
阿富汗猎犬	136	骑士查理王猎犬	147	西施犬	159
吉娃娃犬	138	达克斯猎犬	149	蝴蝶犬	159
长须柯利牧羊犬	138	法国斗牛犬	151	沙皮犬	159
斗牛㹴	141	英国斗牛犬	151	萨塞克斯猎犬	160
小型斗牛㹴	141	英国獒犬	151	标准贵宾犬	163
波士顿㹴	141	日本狐狸犬	153	约克夏㹴	164
捷克㹴	143	拉萨犬	153	马耳他犬	164
湖畔㹴	143	克伦伯猎犬	153		
苏格兰㹴	144	兰伯格犬	155		

幼犬　*168*

狗的行为　*208*

（008页）不管这三只法国斗牛犬在想什么，它们都一言不发。

（009页）一只拉萨犬幼犬，西藏品种，正在寻找可以一起玩耍的东西或者人。

前言 DOGS

我们都说，狗是人类最好的朋友。毋庸置疑，再没有哪种动物能与我们分享、互相帮助如此长久的时间了。这个故事的起点还有待商榷，但狗和人类已经一起生活了至少15000年之久，而我们驯化狗的过程更有可能持续了30000年之久。而且，到底是我们豢养了它们，还是它们驯化了我们呢？当然，在今天，世界各地被宠坏的狗狗似乎在这种主人和宠物的关系里过得非常舒适，充满爱意的主人们喂养、庇护着它们。很多年前，就像如今主人和宠物的关系一样，成群结队的野狗被吸引到了篝火旁，它们知道这个地方有肉吃，有火烤，就这样，人类和犬类走到了一起。经过几代人的努力——也可能更快，人类和狗狗学会了互相包容，互相信任，最终成为坚定的朋友。狗狗的家族融入了我们的家庭，我们帮助它们繁衍，一步步发展到如今的约几百个品种。每一个品种都有它们自己独有的故事。现在，就让我们一同去考察狗狗们的生活、工作和游戏吧。

野生犬科动物

非洲野犬（011 页）

African wild dog

这种四肢修长、耳朵略大的动物学名叫非洲野犬（*Lycaon Pictus*）。它们的斑点状毛色花纹很像画家调色盘上的颜料。

在地球上，狗已经存在了 4000 万年，大约是我们人类存在时间的 20 倍。在我们出现之前，狗甚至可能是地球上分布最广的大型哺乳动物。它们可以在除了南极洲以外的所有大陆上被找到，从高纬度的苔原一直到最干旱的沙漠，不仅在各类气候条件下存活了下来，而且茁壮成长。如果要问狗会在什么地方屈服于其他大型哺乳类肉食动物，特别是猫科动物，那就是热带雨林。不过，要真的去找，也能在雨林中找到一些品种。

狗属于犬科，犬科明显分成了两个种类：狗和狐狸。它们都有共同的身体形态，特点是头大，宽颌，（通常）腿长，躯体纤细。下颌是犬科动物的主要武器，用来捕食猎物。躯干和腿构成的极为高效的运动系统能让它们以接近极限的速度奔跑很久。宽大的胸腔中容纳了强大的肺和有力的心脏，四肢则使它们迈出优雅的步伐。

犬科动物有 34 种，有郊狼、豺、胡狼和山狐等常见动物，但我们最熟悉的是灰狼。这种在民间故事中十分吓人的大型嚎叫猎手，是我们宠物狗的野生近亲。

（012—013 页）这是被一只好战的水牛逼得四处逃窜的非洲野犬，它们通常 20 只以上为一群生活在一起。虽然狼是北非边缘及世界其他地区的主要狩猎犬，但非洲野犬是非洲边缘之外地区最大的犬类了，近些年很不幸地被列为高度濒危动物。

金狼（014—015 页）

African wolf

最近对非洲和西亚的亚洲胡狼分析后发现，非洲犬类实际上是另一种小狼，现在被称为金狼。而亚洲胡狼是完全属于亚洲和欧洲的物种。

北极狐（016—017页）

Arctic fox

北极狐身上有厚厚的白毛，能够在冰天雪地的北极全年生存。它们的耳朵小，四肢短于其他犬类，是为最大限度地减少热量散失。

（017页）一年中的大部分时间里，北极狐的毛为白色，这样它们可以和周围的环境融为一体。不过在短暂的夏季，它们的毛会变成灰褐色。

孟加拉狐（019页）

Bengal fox

孟加拉狐是一种生活在南亚的银毛狐狸。这是一种典型的旧世界（指欧洲、亚洲和非洲）狐狸，它们生活在小型家庭群体之中，但是通常独自捕猎。

大耳狐（018—019页）

Bat-eared fox

这种小型狐狸（或类狐狸的物种）生活在非洲南部的半沙漠地区。它们巨大的耳朵既是散热器，也是捕捉小昆虫动向的敏锐传感器。

（021 页上图）这种非洲东部的胡狼群居生活。它们分工合作，共同寻找食物，并且敢于从狮子等大型动物口中争夺猎物。

WILD
DOGS

薮犬（021 页下图）

Bush dog

这种小型的短腿犬和它们的亲戚看起来相当不同，是生活在南美洲热带雨林的两种犬类物种之一。另一种是小耳犬（Shorteared dog），主要生活在南美大陆的西部。

黑背胡狼（020 页）

Black-backed jackal

黑背胡狼是一种中等体形的非洲犬，猎物种类广泛，包括腐肉、昆虫，也会成对捕食体形较大的猎物。

南非狐（022—023 页）

Cape fox

这种红色的狐狸主要生活在非洲西南部干旱的半沙漠地区。它们主要吃昆虫，如果有水果也会吃。

沙狐（024—025 页）

Corsac fox

这种浅色狐狸生活在中亚的干旱草原和沙漠中。它们以啮齿动物和昆虫为食。

郊狼（027 页）

Coyote

郊狼可以以敏锐的嗅觉追踪大部分小型猎物。它们甚至知道和美洲獾联手，寻找并挖出地鼠和其他遁地的猎物。

郊狼是北美分布最广的野生犬类物种，它们已经学会了在市郊生活，以狡猾著称。尽管郊狼独自生活和捕猎，但它们想让别人知道自己的位置，意思是不要进入它的领地。

食蟹狐 (028 页上图)
Crab-eating fox

这种南美狐狸在旱季主要捕食昆虫，但是降雨使它们的栖息地变成沼泽之后，它们就会去找螃蟹和其他水生猎物。

达尔文狐 (029 页)
Darwin's fox

这个物种以查尔斯·达尔文命名。19 世纪 30 年代，达尔文在著名的贝格尔号航行中，发现了这种狐狸。这是一种只在智利海岸线的几个地方和一些近海岛屿上才找得到的珍稀物种。

山狐 (028 页下图)
Culpeo

山狐也被称作安第斯山狐（Andean zorro），它们在安第斯山脉的干旱山坡和南美西部的沿海地带寻找猎物。

耳廓狐（030—031 页）
Fennec fox

耳廓狐是在撒哈拉沙漠边缘长期生活的两种犬类动物之一。它们以其硕大的耳朵而闻名，这些耳朵里充满了血管，可以散发热量，让身体保持凉爽。

豺 （031 页上图）

Dhole

豺也被称为印度红狗（Indian red dog），是一种生活在亚洲森林中的类狼物种，换句话说，它们是狼的亲戚。这种小型野犬是群猎高手。

埃塞俄比亚狼 （031 页下图）

Ethiopian wolf

这种濒危物种只出现在埃塞俄比亚高原。它们群居，但是单独狩猎，专门捕食鼹鼠。

亚洲胡狼（032 页上图）

Golden jacka

亚洲胡狼属于非洲狼的一个独立分支。这个物种主要分布在西亚，向西延伸到巴尔干半岛，向东延伸到缅甸。它的生态地位与北美洲的郊狼大致相同。亚洲胡狼是以小家庭为单位活动的捕食者和清道夫（指食腐肉的兽）。

灰狼（032—033 页）

Grey wolf

这是所有犬科动物中体形最大、分布范围最广泛的一种。它能长到1.6 米长，体重可达 80 公斤。这种最大的狼生活在比较寒冷的地区。此物种被分为许多亚种，如北落基山狼（Timber wolf）和苔原狼（Tundra wolf）。

灰狐（032 页下图）

Grey fox

灰狐在北美与赤狐一起生活。尽管名字里有灰，但这种犬类的皮毛除了银灰色，也会有红色和棕色。

鬃狼（034—035 页）

Maned wolf

尽管名字叫鬃狼，腿也特别长，但这种南美犬实际上更像狐狸而不是狼。它的日常饮食中有一半是植物性食物。

阿富汗狐（037页上图）

Blanford's fox

这种狐狸生活在中东干旱的沙漠和丘陵地区。

敏狐（037页下图）

Kit fox

最小的狐狸种类之一，生活在美国西南部的沙漠中。

岛屿灰狐（036页）

Island fox

这是灰狐的亲戚，只生活在加利福尼亚海岸的海峡群岛上。

WILD
DOGS

河狐（038页）

Pampas fox

这种小型犬科动物因其栖息地——南美洲的潘帕斯草原而得名。它在夜间活动，捕食小型猎物。

吕佩尔狐（038—039 页）

Rüppell's fox

这种吃昆虫的狐狸生活在整个北非和中东地区。

秘鲁狐（039 页下图）

Sechuran fox

这种南美洲的狐狸高度适应秘鲁北部沿海干旱的塞丘拉地区的生活。

赤狐 （040—041 页）

Red fox

这是一种分布最广的狐狸品种。它生活在北美、欧洲和亚洲北部，已经很好地适应了城市和农业栖息地的生存环境。

貉（043 页）

Raccoon dog

这种貉看起来像一种与犬科完全不相关的北美浣熊。貉是生活在西伯利亚的犬科动物。

侧纹胡狼（042 页）

Side-striped jackal

这是非洲最大的胡狼品种，它们群居生活在非洲大陆的南端。它们可能群猎，更多的时候会独自寻找小型猎物。

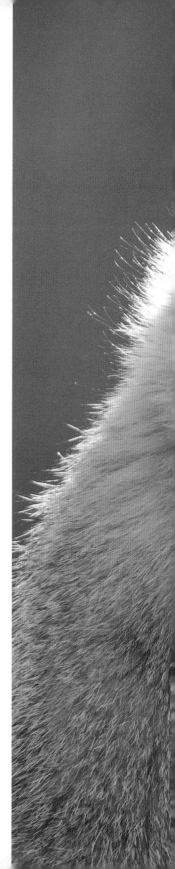

草原狐（044 页上图）

Swift fox

这是一种体形非常小的狐狸，大概只有家猫的大小。它们生活在北美落基山脉东部的大草原和平原上。

藏狐（044 页下图）

Tibetan sand fox

藏狐的皮毛很厚，可以抵御寒冷。这种动物生活在喜马拉雅大分水岭以北的高原上。

南美灰狐（044—045页）

South American grey fox
Chilla、Zorro

南美灰狐生活在南美洲最南部的寒冷贫瘠的巴塔哥尼亚。

猎犬

寻血猎犬（047 页）

Bloodhound

寻血猎犬是嗅觉猎犬的原型。它们的鼻子里有
2 亿个气味接收器，嗅觉非常灵敏，是人类的
40 倍。

　　许多极受欢迎的品种是长期帮助人类打猎的犬种进化来的。今天，很少有人真
正为了食物而狩猎，所以，猎犬由专业的休闲猎人饲养，他们狩猎"野味"是为了
好玩。当然，这些曾经用于狩猎的品种现在也是备受喜爱的宠物。

　　猎犬的品种不容易与其他工作犬区分开来。比如，作为看门狗且为了保护牲畜
而培育的强悍战斗犬种也是值得信赖的，也许是远离家乡的人类必不可少的伙伴。
不过即便如此，猎犬至少有三种作用：寻找猎物、捕捉猎物和取回猎物。

　　寻找猎物，是嗅觉猎犬的工作。它们能捕捉到目标的气味并跟踪它——真的是
穷追不舍。野狗也会以同样的方式寻找猎物。一旦猎物在攻击范围内，视觉型狩猎
犬就可以追赶杀死猎物。猎犬饲养者可以确保狗不会吃掉猎物，但是野狗会直接这
样做。较小的猎犬，如㹴犬，必要时会一直追着猎物到它们的洞穴中。

　　枪猎犬是协助携带猎枪的猎人的品种，其嗜血性较弱。指示犬和塞特犬负责追
踪猎物的气息，西班牙猎犬把猎物从暗处赶出来，寻回犬前去寻找并将死掉的猎物
（通常是禽类）带回狩猎队。

狩猎的欲望（048页）

一只寻血猎犬嘴里叼着一只野鸡。这种犬类有很强的寻找猎物的动力，而且一旦追踪到气味就很难停下。人们利用这一点来进行各种训练，尤其是用来寻找北美的逃犯。

巴仙吉犬（049页）

Basenji

这种非洲猎犬很难训练，但它是执着且聪明的猎手。

依比沙猎犬（050 页）

Ibizan hound

依比沙猎犬是一种非常受欢迎的加泰罗尼亚犬种（Catalan）。它奔跑速度快，通过视觉、听觉和嗅觉来猎杀兔子。

万能㹴（051 页上图）

Airedale terrier

万能㹴是㹴中最大的品种，来自英国约克郡。它和所有的㹴一样，以前用于捕杀老鼠和其他害虫。但这个品种是专门训练，用来猎杀水獭的。

巴吉度猎犬（051 页下图）

Basset hound

常因为其缓慢、笨拙的举止而备受人类喜爱。这种嗅觉性猎犬被培育成短腿，这样它们在追踪猎物时就不会超过它的人类驯兽师。

史宾格犬（052—053 页）

Springer spaniel

史宾格犬忠诚、热心，主要工作是将猎禽赶出来，使其进入开枪范围，然后它们会嗅出掉落的猎禽并将其带回。

英国猎狐犬（054 页）

English foxhound

这个品种比寻血猎犬体形小些，速度更快，也是靠气味追捕猎物的。

在传统狩猎中，成群结队的猎狐犬引导着马背上的猎人。尽管被猎人用来追踪猎物，但猎狐犬一般都表现出温柔亲和的性情。

德国短毛指示犬

（055 页）

German short-haired
pointer

这种犬聪明听话，和所有的
指示犬一样，一旦发现猎物
的踪迹都会立在原地一动
不动。它们的嘴巴直接指向
目标，表明其位置。

意大利灵猩（056页上图）
Italian greyhound

灵猩是视觉型猎犬，可以用视线锁定快速奔跑的猎物，并且高速奔跑跟踪猎物。这类品种很适合赛犬。

挪威猎鹿犬（056页下图）
Norwegian elkhound

挪威猎鹿犬非常适应寒冷的天气，是为了能在冬季森林中猎鹿而培育的品种。

意大利斯皮奥尼犬（056—057页）
Italian spinone

这种指示猎犬来自意大利北部。该品种可以追溯到15世纪。

日本秋田犬（058—059页）

Japanese Akita

秋田犬是一种体形较大且非常能干的猎犬，以日本最大岛屿本州岛的一个地区命名。人们培育它来攻击鹿和野猪以及抵御熊。

法老王猎犬（060页）
Pharaoh hound

这种视觉型猎犬原产地马耳他，是为了狩猎兔子而培育的。在马耳他语中，法老王猎犬这个名字的意思是"兔子狗"，而它的英文名则暗示它是古埃及犬的后代。

大麦町犬（061页）
Dalmatian

这一令人印象深刻的指示犬品种来自达尔马提亚，位于现在的克罗地亚海岸。它以白色毛发上的黑色斑点著称。虽然它是狩猎犬的后代，却是作为马车护卫犬而饲养的，经常并排跑在马车旁边，象征着车内乘客的财富和地位。

爱尔兰猎狼犬（062 页左图）
Irish wolfhound

正如其名，这种视觉型猎犬品种好似为了杀死威胁牲畜的狼而培育的。它能胜任这个任务，而且是犬类中最大的品种之一。

拉布拉多寻回犬（063 页）
Labrador retriever

这种枪猎犬是世界上最受欢迎的宠物品种之一，它是作为猎物寻回犬培育的。尽管名字如此，这个品种其实来自加拿大纽芬兰岛，而不是拉布拉多岛。在加拿大海域，它最初是用来拖动渔网并收集掉出来的鱼。

奥达猎犬（062 页右图）
Otterhound

这种英国犬种的任务是杀死威胁乡村河流鱼类资源的水獭。这种猎犬的数量如今正逐渐减少。

HUNTING DOGS

工作犬

边境牧羊犬（065 页）

Border collie

边境牧羊犬智商较高，是最好的牧羊犬品种。
名字中的边境指的是英格兰和苏格兰分界处的
荒地，那里到处都是牧场。

　　自从和人类第一次生活在一起后，犬类一直在使自己变得有用。今天家犬的祖先是高度社会化的狼，它们以群居的方式生活工作，因此，对于被驯化的狗来说，加入一个不同的团队（人类的团队）只是一个很小的转变。

　　可能我们犬科助手参加的第一项任务就是警卫工作。这是一种共生的关系：人类提供温暖的住处和食物，以此为回报，狗狗会做它们力所能及的事情——赶跑任何进入领地的大型动物，别的狗或者人类。狗超强的嗅觉和听觉以及它们的行为更像一种早期预警系统，也是一种对入侵者产生本能攻击性的防御。如今，护卫犬依然有这种保护群体的本能冲动。

　　牲畜护卫犬也一样，用这种行为保护家畜和羊群，通常是为了防狼。不过，它们亲密的同事牧羊犬则利用了另一种原生的本能：追赶猎物。在野外，它们会挑选一只弱小的猎物，一直追赶到猎物精疲力竭。在牧羊人的指令下，牧羊犬通过追赶落单的动物以确保羊群和家畜的安全。

　　另外，工作犬还被用于应急服务或体育产业，会帮助体弱者和残疾人。这些狗的工作依赖于它们其他的犬类特征，比如敏锐的嗅觉、强大的耐力和不错的智力。

忙碌的犬种 （066—067页）

边境牧羊犬极为活跃，只想工作，工作，工作。尽管它们智力不低，很有吸引力，但它们并不是真正意义上的宠物。在没有自由奔跑空间的城市，它们会感到无聊和沮丧。

伯尔尼兹山地犬（068—069 页）

Bernese mountain dog

这种瑞士犬是世界上最大的犬种之一，在阿尔卑斯山农场做全能的工人，它们甚至可以拖动装满牛奶和奶酪的大车。

WORKING

DOGS

澳大利亚卡尔比犬（070—071 页）

Australian kelpie

这种澳大利亚牧羊犬生活的核心是工作，工作中心在牛羊牧场，十分繁忙。

短毛牧羊犬（072页）

Smooth collie

这种苏格兰犬种比边境牧羊犬更适合做宠物，因为它们性情更为善良。但是作为牧羊犬工作时，它们并非那么优雅。

埃什特雷拉山犬（073页上图）

Estrela mountain dog

这种大型犬种来自葡萄牙山地，是一种护卫犬。它们生活在牧群中，保护牧群免受攻击。

马雷马牧羊犬（073页下图）

Maremma sheepdog

这种意大利牧羊犬拥有厚厚的皮毛，能与之媲美的只有用它们的毛做成的毛茸茸的大衣了。

比利牛斯牧羊犬

（074 页上图）

Pyrenean sheepdog

这种小型牧羊犬品种来自法国的比利牛斯山。它在体形上稍有欠缺，但是在敏捷性上得到了弥补。它是犬类比赛中的常胜者。

比利时特伏丹犬

（074 下图—075 页）

Tervueren

这种犬又称作比利时牧羊犬（Belgian shepherd dog）。它们是为了放牧而饲养的，但也足够高大强壮，可以担任护卫犬一职。和类似的德国犬种一样，它是优秀的护卫犬或警犬。

中亚牧羊犬 （076—077 页）

Central Asian shepherd dog

这个犬种也被称作土库曼猎狼犬（Turkmen wolfhound），
传统上，它们在中亚大草原保护牲畜。苏联时期，这个犬种
进一步发展，现在有长毛和短毛两种类型。

冰岛牧羊犬（079页）

Friaar dog, Icelandic sheepdog

这种犬类脚步稳健，动作敏捷，非常适合在火山多发的崎岖岩石地带生活。

坎高犬（078页上图）

Kangal dog

这种威严的牧羊犬是土耳其的国犬。它有着强烈的保护本能，如果处理不当，它可能会攻击陌生人。

匈牙利库瓦兹犬

（078页下图）

Hungarian Kuvasz

这种护卫犬是白色的、毛茸茸的，这让它能很好地融入羊群之中。

新西兰牧羊犬 （080—081 页）

New Zealand sheepdog

这种犬通常是边境牧羊犬、罗威纳犬
和德国牧羊犬的杂交品种。

喜乐蒂牧羊犬（082页）

Shetland sheepdog

这个原产于设得兰群岛的品种是粗毛柯利牧羊犬（Rough collie）的迷你版，是来自欧洲大陆的类似牧羊犬品种（最著名的电视明星莱西就是这个品种）。这种品种也被称为设得兰牧羊犬（Sheltie）。

Tornjak（083页）

这种健壮的波斯尼亚牧羊犬（Bosnian sheepdog）品种名为"Tornjak"，它是由罗马尼亚和希腊的山地犬品种交配而来。

西班牙水犬（084页上图）

Spanish water dog

这种西班牙工作犬的被毛长而蓬松，能够迅速干燥。它们已经有 800 多年的历史了，但是直到 20 世纪 80 年代才被正式承认。

可蒙犬（084页下图）

Komondor

这是一种毛发蓬松的匈牙利牧羊犬，看起来就像伪装成了一只羊。这可能是 1000 年前随着亚洲移民来到东欧的品种。

WORKING DOGS

澳大利亚牧牛犬（084—085页）

Australian cattle dog

澳大利亚牧牛犬是一种非常警惕且急躁的犬类。它通过咬住大型动物的脚跟来驱赶畜群。

伯瑞犬（086 页）

Briard

这个法国犬种相当于英国古代牧羊犬。它的被毛较短，但是眼睛会被蓬乱的毛挡住。

英国古代牧羊犬（086—087 页）

Old English sheepdog

这是一种非常独特的犬种，它们的眼睛会被眉毛周围的长毛盖住。厚重、蓬松的毛发需要很多关照和打理。近几年，这个品种的受欢迎程度有所下降，现在已经被列为濒危品种。

拉戈托罗马阁挪露犬（088页）

Lagotto Romagnolo

它的名字意思是"罗马涅的湖泊犬"。这种小型的意大利犬种被认为是后来所有水犬的原型。

（089 页）被称为松露的真菌位置隐蔽，因其独特的霉味而备受推崇。一些品种的价格甚至超过每公斤 1000 英镑。各种各样的狗都被训练用来嗅出这些宝贵的菌类。

阿拉斯加雪橇犬（090—091 页）

Alaskan Malamute

这种像狼一样适应寒冷天气的雪橇犬品种是以驯养它们的美洲原住民命名的。

WORKING DOGS

雪橇犬（092—093 页）

Sled dog

狗被用来拖曳雪橇，穿越崎岖的冰雪地带已有约 8000 年的历史。今天，雪橇犬的品种主要用于比赛和休闲活动。

（094—095 页）一支由哈士奇组成的雪橇队准备开始比赛。狗狗们穿着靴子，保护它们的爪子不受尖锐的冰和石头的伤害。

西伯利亚哈士奇（096—097 页）

Siberian husky

这种漂亮的狗是最有代表性的斯皮茨型犬种，是来自亚洲北部和北极地区的古老犬种。哈士奇也许是最接近野生灰狼的家犬品种。

拉布拉多寻回犬（098页）

Labrador retriever

拉布拉多总是喜欢取悦别人，所以被培育成一种乐于助人的狗，它们收集打猎掉落的鸟或从网中掉落的鱼。它们的被毛有几种颜色：黑色、巧克力色和黄色，不过狐狸红的（官方归为"黄色"）越来越受欢迎。

导盲犬（099页）

Guide dog

一只拉布拉多幼犬正在被训练成为视力障碍者的导盲犬。在过马路或在拥挤的街道上行走时，这种狗会保护主人的安全。

（100—101 页）人类指示了方向之后，导盲犬会示意障碍物的位置，在危险出现时会停下。

（102页）射击队在狩猎时使用不同品种的狗。猎犬帮助寻找猎物；西班牙猎犬负责钻进灌木，赶出并带回猎禽；拉布拉多也负责带回鸟类。

（102下图—103页）和这只西班牙猎犬一样，寻回犬经过培育后不会咬死禽类，而是将它们完好无损地带回主人身边。

灵猩比赛（104—105页）

这种脚步轻快的狗是作为视觉型猎犬培育出来的，为主人追赶兔子。它们现在常被作为赛犬饲养，在沙地上追赶机械野兔。

（106—107 页）灵猩四肢纤细修长，充满力量，保持着犬类的最高奔跑速度。它们的奔跑速度约为 70 公里 / 小时，是人类速度的两倍。

那不勒斯獒犬（108页上图）

Neapolitan mastiff

这种笨重的犬种是罗马竞技场上饲养的斗犬后代，作为护卫犬有巨大的力量。

杜宾犬（108页下图）

Dobermann

杜宾犬是一种脚程较快的嗅觉猎犬，可以追踪快速移动的猎物，这种德国犬种现在拥有凶猛的护卫犬的名声。

拳师犬（109页）

Boxer

这种健壮的犬类以它们用前爪互相戳对方的样子而命名，是为了捕捉野猪而培育的。

口套 （111页上图）

警卫犬需要接受扑咬训练，所以在它们服从训练期间要戴上口套，直到它们学会何时需要扑咬，何时不需要。

（110页）护卫犬出于原始的本能挑衅任何靠近群体的外来者。在实际攻击之前，护卫犬会咆哮、吠叫、龇牙，试图让入侵者自己掉头离开。

攻击犬 （111页下图）

警察使用聪明的大型犬，比如德国牧羊犬来寻找逮捕罪犯。很少有人能逃脱警犬的追捕。

小心犬类出没（112—113 页）

有的时候，警卫犬和攻击犬之间的区别并不那么清晰，谨慎行事总是好的。

WORKING
DOGS

警犬（115页）

Police dog

警犬通常被称为 K9 部队，是犬科的英语双关（K nine=canine）。世界各地的警犬在警察部门都被用作攻击犬、追踪犬和嗅探犬。

德国牧羊犬（114页）

German shepherd dog

这种流行的犬种在第一次世界大战期间应英国要求被重新命名为阿尔萨斯犬（Alsatian，法国的一个地区），以便和当时的敌军德国划清界限。该犬种起源于这个与德国接壤的地区。

（116—117页）人们训练警犬的力量、速度和智力，来抓捕嫌疑人。只要有警犬在场，往往就足以维持公共秩序。

WORKING

DOGS

准备行动（118—119 页）
这只在荷兰工作的警犬穿了一件背心。这个背心可以让警犬的训导员更方便地拉住并提起警犬。

救援（120—121 页上图）

意大利水上救援犬学校的新学员正在接受训练。一旦被扔进水里，这只狗就可以靠近身处困境的游泳者，帮忙把他们拉到岸上。

搜救（121 页下图）

一只德国牧羊犬被召来寻找被雪崩掩埋的幸存者。这只狗能够闻到雪下面的人类气味，并开始向下挖掘。

灾区（122—123页）
一只探测犬正在接受训练，
利用嗅觉和听觉找寻被困在
塌方建筑下的人。

安全检查（124—125 页）
一名安保人员和警犬在机场共同检查一架飞机，寻找偷渡者或秘密行李。

嗅探犬 （126页）

Sniffer dog

缉毒犬经过训练可以识别非法物质的气味。如果在这个行李中闻到了那种气味，它就会直接在行李旁边坐下来。

比格犬（126—127页）

Beagle

这种小型嗅觉猎犬是嗅探犬的理想候选者。最著名的卡通狗史努比就是一只比格犬。

（128—129页）这只警犬正在伦敦市中心的街道上搜寻爆炸物的痕迹，以避免公共场所发生袭击事件。

（130页）一只拉布拉多寻回猎犬正在为美国烟酒枪炮及爆裂物管理局（AFT）工作。它在搜查一个体育场，寻找安放在这里的武器和弹药。

拆弹小组（130—131页）

一只狗和它的士兵训练人员正在寻找隐藏的地雷和爆炸装置。

表演事业（132—133 页）

一只阿富汗猎犬——最不守规矩的犬种，在
每年英国举行的世界最负盛名的犬类展览
（Crufts）上出尽风头。对于有些狗来说，它
们的工作就是作为某种犬类或血统的高级标本
而被展示。然后获奖者将成为极具培育价值的
动物。

陪伴犬

诺福克㹴（135页）

Norfolk terrier

这种小狗是捕鼠犬类的可爱表亲。它们的耳朵
柔软，蓬松的被毛紧贴身体。

　　无论哪个品种，狗都能成为完美的伙伴。它们提供了绝对的忠诚和支持，总是
乐意与你为伴。无论猎狼犬、㹴犬还是牧羊犬，都是家庭中的一员。也就是说，有
许多品种是专门为在家中陪伴我们生活而培育的。

　　陪伴犬往往体形较小，因此它们通常都比较省心，需要的食物较少，而且更容
易抱起来移动和拥抱。因此，大部分陪伴犬都是为了打猎或放牧而培育的工作犬品
种的缩小版。除了被培育得更小之外，陪伴犬还有让自己更加可爱的特征。出生较
早且体形较小的狗在成年之后仍会保留小狗的特征，包括软耳、短腿、大头和大眼
睛。长长的丝绸一般的毛发对于许多工作犬来说是一种阻碍，但是对于被溺爱的宠
物来说却是一种吸引人的特征。在前现代时期的欧洲，长毛宠物狗不仅是受欢迎的
伙伴，还是财富与地位的象征，它们也能在寒冷的过堂风吹到家里时为主人提供一
些温暖。跳蚤显然就是这种环境下的一个问题——至少对于人类来说是个问题。因
为多毛的陪伴犬会引来跳蚤。

　　另一个防跳蚤的策略是养一只没有多少毛的小狗，比如墨西哥无毛犬和中国冠
毛犬。不过无论它们看起来什么样，仅仅是存在就会受到喜爱了。

阿富汗猎犬（136—137 页）

Afghan hound

尽管名字是阿富汗猎犬，但没有人知道这个品种起源于哪里。它之所以和阿富汗联系在一起，是因为它沿着丝绸之路与商人一起旅行到了那里。这种狗是一种视觉型猎犬，以前会捕捉山羊和野兔，并抵御来自雪豹和狼的攻击。但是今天，这种猎犬飘逸的长毛使它格外引人注目，尤其是因为它可能是最难训练的狗。

吉娃娃犬（138页）

Chihuahua

这种流行的墨西哥犬种是世界上最小的犬种，长大以后只有 20 厘米高。这种狗是以一种古老的品种培育出来的，据说 1000 年前托尔特克人将它用于祭祀活动，也用它作为食物。

长须柯利牧羊犬（138—139页）

Bearded collie

长毛牧羊犬比其他传统的牧羊犬品种体形更小，现在通常被当作宠物。不过，它们还是更喜欢开放空间。

小型斗牛㹴（141页上图）

Miniature bull terrier

这种犬类只长到斗牛㹴的三分之二大小，如今非常罕见。

波士顿㹴（141页下图）

Boston terrier

这种北美犬种是斗牛犬和㹴的杂交品种，被培育成了一种温顺的陪伴犬，不过它经常需要锻炼。

斗牛㹴（140—141页）

Bull terrier

这种犬类最初是由斗牛犬与各种㹴犬品种杂交而培育出来的斗犬。不过，在强有力的指导下，如今的斗牛㹴往往性情温和，是优秀而忠诚的陪伴犬。

捷克狸（142页）

Cesky terrier

这种捷克犬被培育成了比其他狸更小的品种，这样它们就可以进入较为狭窄的洞穴捕捉猎物。

湖畔狸（143页）

Lakeland terrier

这种小型俊美的狸有浓密的被毛。虽然不再用于追赶狐狸一直追到洞口，但不管对方体形有多大，这种敏捷、无畏的狸仍然喜欢追逐其他动物，所以最好不要在家里养其他宠物。

苏格兰㹴（144页）

Scottish terrier

苏格兰㹴小而灵活，来自苏格兰高地，在那里，它们是为了猎杀害虫而培育的。它们的特点是黑色的被毛和浓密的眉毛。

斯塔福郡斗牛㹴（144—145页）

Staffordshire bull terrier

这种看起来很强壮的品种实际上很适合家庭生活。斗牛㹴是由斗犬发展来的，它们对别的狗很强悍凶狠，但是对人却很冷静。现在，它们喜欢格斗的性情已经在培育中被逐渐淘汰了，不过仍然保留着那种看上去伤痕累累的外观。

骑士查理王猎犬（146—147页）

Cavalier King Charles spaniel

这种玩具犬与过去的查理王猎犬（King Charles spaniel）有血缘关系。查理王
猎犬是以17世纪的英国国王命名的，因为他很喜欢这种狗并以他对这种狗的喜
爱而闻名。这种犬的长耳朵很像英国内战中保皇派的假发风格。

COMPANION DOGS

达克斯猎犬（148—149页）

Dachshund

这种短腿嗅觉性猎犬最初是为了在獾窝里捕獾而培育的，又称腊肠犬。它们聪明、友好、爱玩，是理想的伙伴，不过它们可能相当难训练。

法国斗牛犬（151页上图）
French bulldog

这种犬由玩具斗牛犬发展而来，是19世纪在法国流行起来的一种小型英国犬种。如同所有的扁脸犬种一样，它们普遍存在健康问题。

英国斗牛犬（150页）
British bulldog

斗牛犬是大獒犬的一个小分支，经常作为英国人或者英国的象征，因为据说它们很像一个体形肥胖、下巴肥厚、喜欢享受美好生活但同时也固执己见、随时准备好战斗的人。由于常见的健康问题，斗牛犬作为宠物的受欢迎程度一直在下降。

英国獒犬（151页下图）
English mastiff

这个庞大古老的犬种是威廉·莎士比亚《亨利五世》中提到的"战争猛犬"，又叫马士提夫獒犬。尽管体形庞大，但它们温顺且勇敢，是优秀的家庭宠物伙伴。

日本狐狸犬（152 页）

Japanese spitz

这种毛茸茸的犬种是亚洲北部和北极偏远地区的猎犬的后代。它们容易过度吠叫，但是这种行为是可以训练的。

克伦伯猎犬（153 页上图）

Clumber spaniel

这种猎犬的毛很长，有橙色的印记，名字是以纽卡斯尔公爵的乡村庄园命名的。它们需要经常梳毛，而且很容易流口水，但也是极好的家庭宠物。

拉萨犬（153 页下图）

Lhasa Apso

作为西藏寺院的看门犬，这种亚洲犬种拥有飘逸的毛发，在 20 世纪初的欧洲受到广泛欢迎。

DOGS

153

兰伯格犬 (154—155页)

Leonberger

兰伯格犬以巴伐利亚的一个小镇命名，是作为山地牧羊犬而培育的。这种品种的雄性犬的头部比雌性犬（对页图）更蓬松，更宽。它们顺从，友好，温和，对于那些习惯打理这些毛发的家庭来说，它们是理想的家庭宠物！

北京犬（156—157页）

Pekingese

DNA 分析显示，北京犬是所有犬种中最古老的特色犬种之一：1400 年前它就在中国宫廷记载中出现了。北京犬的英文名使用了 Peking，是北京的旧称。

COMPANION DOGS

西施犬（159页上图）

Shih tzu

西施犬最初是西藏狮子狗（Lion dog）的后代，名字的中文意思就是"小狮子"。在过去的半个世纪中，它在世界范围内越来越受欢迎。

蝴蝶犬（158页）

Papillon

这个古老的犬种在法语中意为"蝴蝶"，指的是它们耳朵的形状。它们的耳朵很像蝴蝶的翅膀。

沙皮犬（159页下图）

Shar Pei

中国犬种，与2000年前汉代陶器上描绘的斗犬非常相似。

萨塞克斯猎犬（160—161 页）

Sussex spaniel

这种体形较长的犬种作为猎犬不如其他小猎犬
来得成功，但是作为宠物就很适合。

标准贵宾犬（162—163页）

Standard poodle

最初它们是作为水犬而培育的，源自德国。它们被用于赶出猎物和带回水禽。贵宾犬的被毛浓密卷曲，可以让冷水远离皮肤，而且还易于修剪和维护。"标准（Standard）"一词指的是它们的尺寸，因为其他的贵宾犬和杂交品种往往体形更小。

约克夏狓（164 上图—165 页）

Yorkshire terrier

约克夏狓小巧且活泼，是非常受欢迎的动物品种。如果得到良好的训练，它会成为家庭中的重要成员，但如果被忽视了，它可能会变得十分吵闹，且具有攻击性。

马耳他犬（164 页下图）

Maltese

这种长相可爱的狗的祖先大概是公元前 300 年左右生活在地中海周围、马耳他岛屿和沿海地区的犬种。

（166—167 页）一只标准贵宾犬（166 页）和约克夏狗（167
页上图）在美容院。精心的梳理可以让它们的皮肤和皮毛保持
健康，而且看上去也不错。在比赛中展示的培育品种是它们的
最佳范例。

幼犬

阿拉斯加雪橇犬（169页）

我们本能地会去保护可爱的东西，就像这种毛茸茸的小狗一样，这和我们照顾自己的孩子是一个道理。

狗狗最早在六个月大的时候就可以进行繁殖，但大部分要到一岁以后。小狗在狗妈妈怀孕约两个月后出生。大多数情况下，一窝里有三或四只小狗，但也可能多达十只，甚至更多。

小狗在出生后需要母狗照顾，也就是说它们是在比较无助的状态下出生的。小狗出生在羊膜囊内，母狗将它们生下后清理掉膜袋，吃掉其中的大部分。小狗在两周大之前不能睁开眼睛，出生后也不能直立行走。然而，它们能够闻到母亲的乳汁味道，并拼命向乳头靠近。母狗有十个乳头，根据经验，这足以维持一窝五只幼崽的生命。一大窝幼犬往往至少有一只弱小的幼崽，可能会被其较大的兄弟姐妹抢走食物，所以如果它要生存，就需要人类的帮助。幼崽从它们的母亲那里学会了如何安全地玩耍，不会互相撕咬和伤害。

在野外，幼崽中幸存的成员将组成一个大家庭共度余生。在家庭的内部设置上，一般在八到十周大时小狗就被分开了。这时，它们已经足够强壮，可以与它们的新家庭一同奔跑玩耍，并开始与人类主人形成终身的纽带与联系。

长须柯利牧羊犬（170—171 页）

幼犬在玩耍中进行学习。它们最早学习的课程就是如何将家庭成员与外人区分开来。这个学习从它们的兄弟姐妹开始，并且当它们加入人类家庭时，还会继续这个课程。

万能㹴（172页）
一位母亲正在向自己的宝宝展示如何在其他小狗面
前打招呼，而且不许咬人！

吉娃娃（173页）
这种小狗在十个月大的时候就已经长到成年体形了。

PUPPIES

爱尔兰猎狼犬（174—175 页）

一对年轻的猎狼犬正在互相舔对方。舔是服从
与信任的信号。

你是不会去舔你的敌人的！

（176—177 页）小狗出生后发育得很快。几周之内，它们就开始和成年狗做一样的事情了，比如摇尾巴和吠叫，大部分时候都在玩耍。

PUPPIES

斗牛獒犬（178页）

Bull mastiff

对于这些獒犬幼崽来说，玩耍是很忙的。它们正在培养移动能力和控制能力，也在学习如何互动。在幼崽较多的群体中，游戏会建立起等级。在训练时，狗狗被赋予其在人类家庭中的地位。

伯瑞犬（178—179 页）
幼犬融入新主人的家的时候，最
初的几个月，可以让它们广泛接
触家庭以外的人。

寻血猎犬母子（180—181页）
大部分小狗在前四周都完全依赖它们的母亲，再花更多时间离开母亲。它们会在八周大左右断奶。

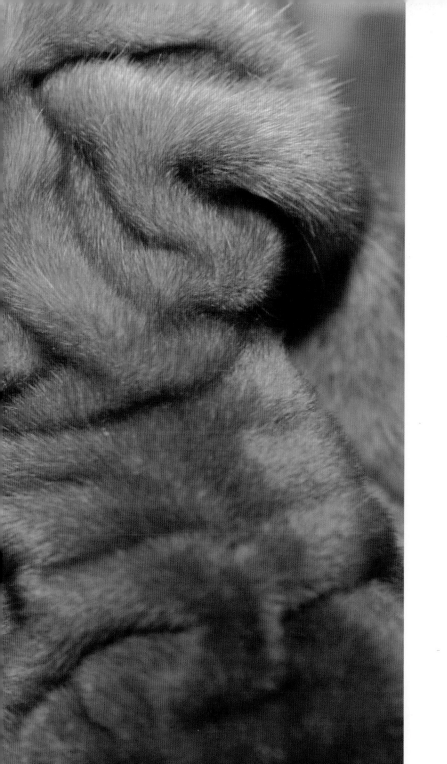

PUPPIES

纯种幼犬（182—183页）

保持血统，或保持培育质量，意味着要谨慎繁殖，以确保幼犬们不会遗传到不想要甚至有害的特征。

图中是边境牧羊犬（182页右图）、寻血猎犬（182页下图）和达克斯猎犬（或叫腊肠犬，183页下图）。

标准贵宾犬（185页）
小狗（包括这些幼小的贵宾犬）在出生后的前十周很少离开妈妈身边。

达克斯猎犬（184页上图）
一只达克斯猎犬幼犬正在舒服的毛毯上放松。

西施犬（184页下图）
一窝七天大小的西施犬正在吃妈妈的奶。

（186—187页）幼犬饲养场和饲养员为宠物市场培育幼犬，这些幼犬幼年时一直生活在一起。

阿富汗猎犬幼犬
（188 页）

这只幼犬要花好几个月才能长出像它迷人的妈妈那样的长卷毛。

可卡犬（189 页）

Cocker spaniel

这种猎犬以赶出丘鹬和其他落地鸟的工作而命名。它们如果被当作宠物，应该会有更舒适的生活环境。

日本秋田犬（190—191 页）
秋田犬一家一有机会就在温暖的环境中休息。秋田犬幼崽需要长期的训练，才能成为令人满意的宠物。

PUPPIES

巴仙吉犬（193 页）

随着年龄增长，这只非洲犬会变得更加壮实。

查理王猎犬（192 页）

这只幼犬已经开始炫耀它长而下垂的耳朵了。这是这个品种的典型特征。

斗牛㹴（194页上图）
尽管还非常小，但是这只斗牛㹴肌肉发达的体形令人印象深刻。

波士顿㹴（194—195页）
幼犬的耳朵随着年龄的增长也变得健壮起来，成年时耳朵会变尖。

捷克㹴（194页下图）
这只捷克犬需要经常梳毛和整理，以保持其柔软的被毛处于良好状态。

（196—197页）一旦幼犬们足够强壮，并且接种过疫苗之后，它们就应该被允许外出探索了。小狗生命中的头一百天是非常重要的，这正是它们大量了解世界的时间。

PUPPIES

边境牧羊犬（198—199 页）

一对边境牧羊犬幼犬正在沙滩上玩耍。一旦它们长大到可以开始承担牧羊犬工作时，就很少有时间玩耍了——工作正是它们喜欢的方式！

意大利灵提（200—201 页）
这些竞赛犬会在 18 个月左右大时开始参加比赛。

匈牙利库瓦兹犬（201页上图）

这种品种的护卫犬会攻击任何威胁。如果想要幼犬变成宠物，那就需要早点驯养它们。

可蒙犬（201页下图）

这只幼犬在至少一年之内都不会长出这个犬种标志性的流苏被毛。

英国獒犬（202 页上图）

嗅觉是幼犬使用的主要感官。但它们一生
下来却是又聋又瞎的。

意大利斯皮奥尼犬（202 页下图）

幼犬可以在十周时安全地游泳。

英国史宾格猎犬（203 页）

English springer spaniel

随着年龄增长，这些幼犬需要更加频繁、
时间更长的锻炼。

挪威猎鹿犬（204页）

从小开始，这类犬种就非常抗寒，这要归功于它们厚厚的皮毛。

PUPPIES

奥达猎犬（205 页）
这类犬是为了在水中捕猎而培育的。它们拥有天然
的油性被毛，需要经常清洗梳理，防止打结。

那不勒斯獒犬（206页）
这类犬种有典型的松弛的皮肤，从小这个特征就很明显。

诺福克㹴（207页）
这种小型犬是为群体狩猎而培育的，社会性很强。

狗 的 行 为

（209 页）这只比格犬正在让附近的狗知道它的位置。可能是它听到了一个高音，误以为那是一位同伴的呼喊。

说到底，在不同种类的不同外表之下，所有的狗都是狼。这就是狗狗会是如此可靠伟大的伴侣的原因。在野外，狼的家庭群体有着复杂的社会结构，这样的家庭由所有犬类都懂得的语言来管理——视觉语言与嗅觉语言。一只令人满意的宠物狗表现良好，是因为它找到了在我们家庭中的位置。

可以利用狗狗的动物本能，善加训练。这些本能包括追踪气味和追赶潜在猎物的冲动。如果有人或别的狗入侵了家庭，狗狗也会通过威吓侵略者来发挥保护作用。

尽管它们与人类群体相处融洽，但它们也是非常与众不同的动物。野狗很少有闲暇时间，而且必须长途跋涉努力寻找食物。这个任务对于宠物狗来说已经被人类包办了，但它们还是有四处跑动的欲望、锻炼以及和家人玩耍互动的需要。大多数狗狗一天都需要约六十分钟的步行、跑步和玩耍，甚至更多。

摇尾巴、吠叫、咆哮、嗅闻、舔舐和轻咬都是狗狗们之间交流的方式，它们也会用同样一套语言系统与人类交流。如果训练良好，不断刺激它们，且给出明确指令，狗狗们会非常开心。

（211页）狗狗们活在充满气味的世界里，遇到另一只狗的第一件事情就是互相嗅对方。气味不仅能让它们辨别对方是朋友还是敌人，而且也包含了一只狗的情绪。

DOG

（210—211页）小狗的尾巴是一个重要的沟通标志。放松的小狗会放松地摇尾巴。如果它们紧张，那么尾巴就会比平时要低。如果尾巴高高竖起，那就说明狗狗非常兴奋，被什么东西刺激到了。

BEHAVIOUR

（212—213 页）嚎叫是一种具有很多含义的信号，但吠叫是一种更直接的交流。这可能是在打招呼，或者问问题："你去哪里了？"也可能是一个命令，下令对方离开，或是别的。

（214—215页）这只边境牧羊犬正在忙着玩耍。这种类型的狗可能比其他品种的狗更需要锻炼和刺激。

（216—217页）小狗是为了运动而生的，它们需要有散步、跑跳、探索和社交的时间，每天至少一个小时。

（218—219 页）这只波士顿㹴正准备下水游泳。狗狗不像人类那样可以有效地排汗，因此天气炎热时，它们很难抵抗这种凉爽的活动。

骑士查理王猎犬 （220 上图—221 页）

对这样的小型犬来说，能跳超过 3 米的高度是令人印象深刻的。它们当然也喜欢表演时受到
关注。

达克斯猎犬 （220 页下图）

这类犬由于腿短，所以要避开深水，但有些小狗仍然以划水为乐。

人们需要关注一只宠物狗的野性本能，这只柯基犬（Corgi, 222 页）和拳师犬（223 页）最喜欢的就是追着球跑。对于它们来说，追球就和捕猎老鼠或兔子一样重要。

（224—225 页）三只史宾格猎犬相互
争着要把球带给它们的主人。

（227—226页）斗牛犬是为了斗牛而培育的，在这项运动中，狗被派去攻击一头被拴住的公牛。这项活动已经被禁止了将近二百年，因此斗牛犬有了另一项工作：扮可爱。

DOG
BEHAVIOUR

（228—229 页）三只小流浪狗蜷缩
在一起，睡在马路上。当家狗生活
在野外之后，它们会变得野性十足，
行为回到野狗的自然状态。

（230页）法老王猎犬喜欢炫耀。狗狗们喜欢学习技巧，这让它们忙得不可开交，也为它们赢得了一些赞誉。

（231页）一只德国牧羊犬游泳之后正在甩掉身上的水。它长长的护毛可以阻挡大部分水碰到它蓬松的底毛。

（232 页）一只嗅觉性猎犬长长的、流着口水的下颌垂肉可以保持它们的鼻子湿润，对空气中的气味更加敏感。

（232—233 页）狗狗喜欢养成规律。它们知道什么时候该吃东西了，也会确保你知道是时候喂它们了！

（234—235 页）狗是肉食动物，肠道短，只用几小时就能消化营养丰富的肉类。宠物狗很喜欢吃热量少的干粮，但它们很容易吃得多，或者被喂得太多。一个咀嚼玩具或者一根骨头可以保证它们的牙齿和牙龈状态良好。

DOG

BEHAVIOUR

235

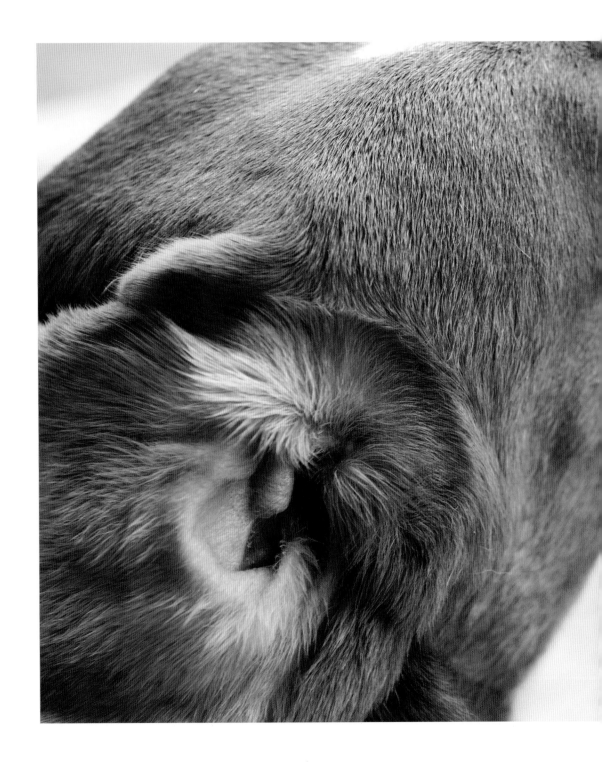

（236—237 页）

狗狗在出生时是听不见的，但很快就会接收到声音。当它们完全发育之后，小狗的听力是人类的四倍。大多数狗能够靠单只耳朵来准确定位声音的来源。

DOG
BEHAVIOUR

（238—239页）狗狗之间的冲突通常是不可避免的。有些狗狗的社会化程度不高，就会攻击那些它们觉得试图控制自己的狗。它们的争斗嘈杂且迅速，伴随着咆哮和怒吼，但是还好，它们很少造成严重的伤害。

（240—241 页）一只牧羊犬与一只斗牛獒犬发生了一场争执，双方不分伯仲。狗狗无法学习勇敢，但也无法学习不勇敢。这种行为就是纯粹的本能。

（242—243 页）许多家养动物，包括经常会被误解和诋毁的家猫，都是高度社会化的动物。这张照片里，这只雪橇犬正和一匹马自在地相处。

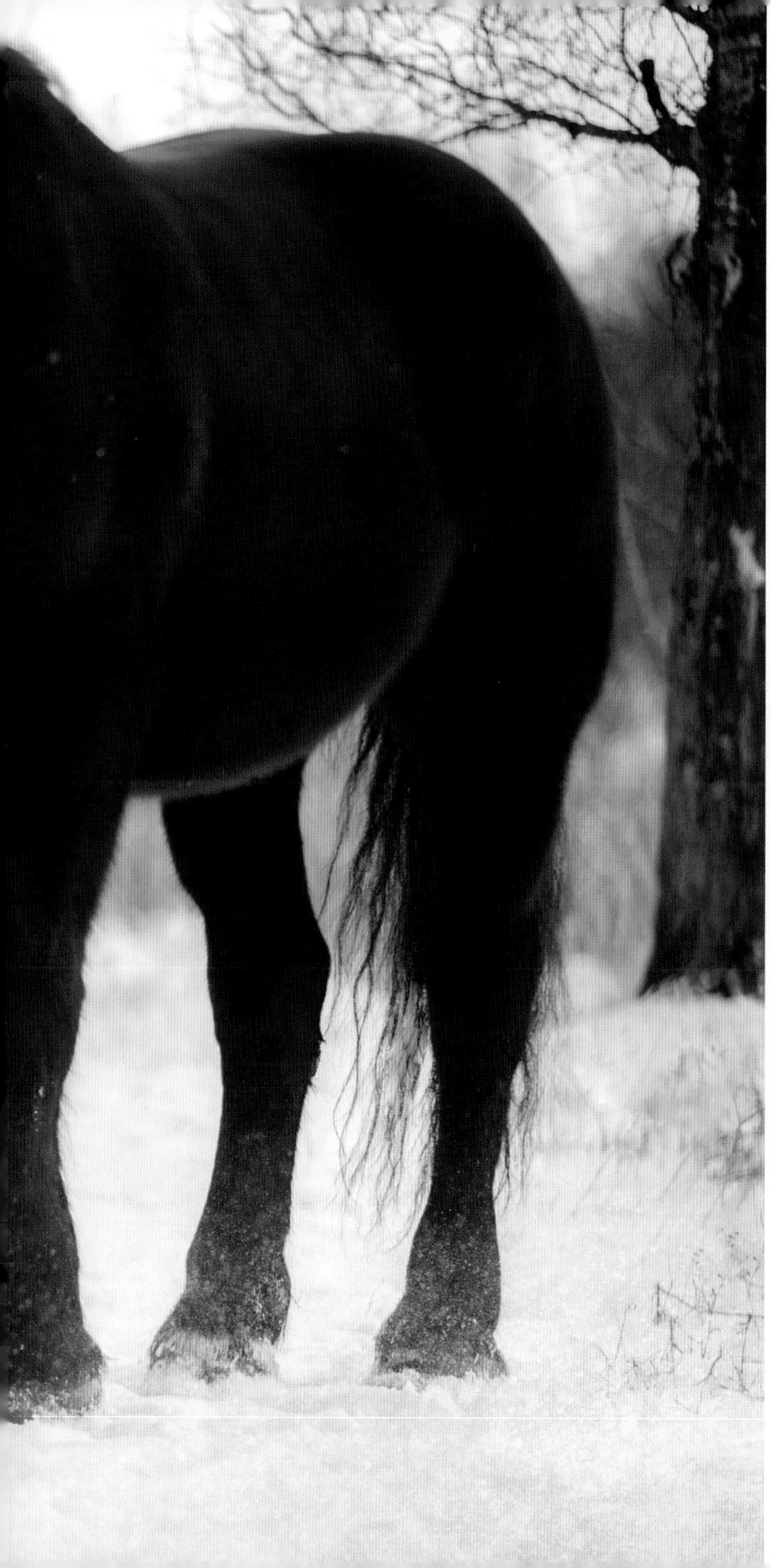

DOG BEHAVIOUR

（244—245 页）兰伯格犬母亲正在和幼犬一起玩耍，狗狗们很擅长这样做！

DOG BEHAVIOUR